반려동물과 함께 하는 세상 만들기

1

EBS Petedu 반려동물과 함께 하는 세상 만들기 1

2025년 01월 02일 발행

저자   이승진(반려동물종합관리사, KKF 운영위원, EBS 펫에듀 운영 두넷 대표)

발행처   (주)두넷
주소   (02583) 서울시 동대문구 무학로 33길 4 1층
연락처   Tel 02-6215-7045
이메일   ebs-petedu@naver.com

제작 유통   (주)푸른영토
주소   (10402) 경기도 고양시 일산동구 호수로 606 에이동 908호
연락처   Tel 031-925-2327

ISBN   979-11-990559-0-2   73520

값 12,000원

EBS ◐● Pet edu

반려동물과
함께 하는
세상 만들기

● 이승진 지음

1

EBS ◐● 미디어 | 두넷

안녕하세요!

이 책을 펼쳐 본 여러분, 정말 반갑습니다.

여러분은 혹시 반려동물을 키우고 있나요?

또는 반려동물을 키우고 싶다고 생각해 본 적 있나요?

이 책은 여러분이 반려동물에 대해 더 잘 이해하고,

행복하게 함께 살아갈 수 있도록 도와주기 위해 만들어졌어요.

반려동물은 우리에게 큰 기쁨과 행복을 주지만,

그들도 우리와 마찬가지로 많은 사랑과 돌봄이 필요해요.

이 교재를 통해 여러분은 반려동물의 필요를 이해하고,

그들과 어떻게 건강하고 행복한 관계를 맺을 수 있을지

배울 수 있을 거예요.

함께 배우고,

반려동물 친구들과

더 행복한 시간을 만들어봐요!

목차

 **PART 1** 너구리는 반려동물이 아닐까?

10	생각 열기
11	배우기 1
12	배우기 2
13	활동하기
14	활동하기 예시
15	정리하기
16	정리하기

 **PART 2** 개는 다 능력이 같을까?

20	생각 열기
22	배우기 1
23	배우기 2
24	배우기 3
25	배우기 4
26	배우기 5
27	활동하기
28	정리하기
29	더 알아보기

 **PART 3** 고양이는 왜 높은 곳에 올라갈까?

32	생각 열기
34	배우기 1
35	배우기 2
36	활동하기
37	정리하기
38	더 알아보기

 **PART 4** 동물도 주민등록번호가 있을까?

42	생각 열기
44	배우기 1
45	배우기 2
46	활동하기
48	정리하기
49	더 알아보기

 **PART 5** 천재 반려동물을 소개합니다!

52	생각 열기
54	배우기 1
55	배우기 2
56	활동하기
57	정리하기
58	더 알아보기

 **PART 6** 반려동물도 언어가 있을까?

62	생각 열기
64	배우기 1
65	배우기 2
66	활동하기
67	정리하기
68	더 알아보기

PART 1

너구리는
반려동물이 아닐까?
반려동물이란?

생각 열기

'반려동물' 하면 떠오르는 단어를 5개 적어보아요.

1.

2.

3.

4.

5.

'반려동물'의 개념과 종류에 대해 알아보아요.

반려동물이란?
옛날에는 가정에서 살고 있는 동물, 특히 개나 고양이는 '애완동물'이라고 불렀지만, '애완'은 장난감 또는 즐거움을 준다는 뜻이에요.
최근에는 사람에게 여러 혜택을 주는 동물을 존중하고, 사람의 장난감이 아닌, 사람과 더불어 살아가는 동물이라는 뜻에서 '애완동물'이 아닌 '반려동물' 이라고 부른답니다.

어떤 동물인지 반려동물인지 체크해 보아요,

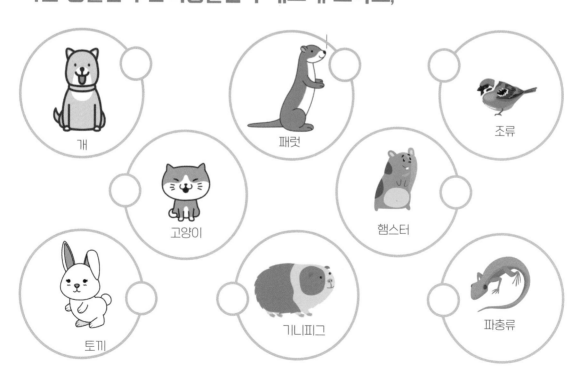

개

패럿

조류

고양이

햄스터

토끼

기니피그

파충류

배우기 2

동물의 개념과 종류에 대해 알아보아요.

농장동물이란?
인간의 식탁에 올리기 위해 식용 목적으로 기르는 소, 닭, 양 및 돼지와 같은 동물을 농장동물이라고 해요. 농장동물 역시 존중받아야 마땅한 생명체이랍니다.

전시동물이란?
동물원, 수족관, 체험공원과 같은 공간에서 살며 인간에게 동물 교육 및 체험, 관람을 위해 이용되는 동물을 전시동물이라고 해요. 코끼리, 침팬지, 돌고래와 같은 동물이 있답니다.

야생동물이란?
산이나 숲, 강, 바다와 같은 자연 속에서 살아가는 동물을 야생동물 이라고 해요. 최근 많은 개발로 인해 숲이 사라짐에 따라 야생동물의 삶도 위협받기도 한답니다.

'반려동물'에 대해 배운 내용을 바탕으로 4행시를 지어보아요.

반

려(여)

동

물

활동하기 예시

'반려동물'에 대해 배운 내용을 바탕으로 4행시를 지어보아요.

반 : 반가운 우리 집 반려동물

려(여) : 여전히 귀여운 내 친구

동 : 동글동글 귀여운 너랑

물 : 물장구 치며 놀자!

오늘 배운 내용을 바탕으로 반려동물인 동물과 아닌 동물을 구분해보아요.

개

양

도마뱀

여우

반려동물이야!

반려동물이 아니야!

정리하기

엉덩이가 매력적인 친구, 웰시코기에 대하여 알아보아요.

웰시코기는 작은 크기와 통통한 엉덩이로 유명한 개예요. 원래 웰시코기는 양치기 개로 사용되었는데, 양이나 소를 몰 때 엉덩이를 흔들며 열심히 뛰어다녔어요. 그 덕분에 엉덩이 근육이 잘 발달해서 지금의 귀여운 모습이 되었어요.

웰시코기는 똑똑하고 에너지가 넘쳐서 가족과 함께 뛰어노는 것을 좋아해요. 엉덩이를 흔들며 걸어다니는 모습은 정말 귀엽고 많은 사람들은 이런 모습에 반한답니다! 웰시코기는 정말 특별하고 사랑스러운 반려동물이에요.

PART 2

개는
다 능력이 같을까?

견종 분류

생각 열기

'강아지' 하면 떠오르는 동물의 생김새를 적어보아요.
여러분이 생각하는 개 또는 강아지는 어떤 모습인가요?

배우기 1

개의 다양한 종류에 대해 알아보아요.

쉽독 & 캐틀독

이 그룹의 강아지들은 양이나 소 같은 동물들을 모으는 일을 해요. 목장에서 일하는 강아지들로, 보더콜리나 오스트레일리안 셰퍼드가 있어요. 이 친구들은 매우 똑똑하고 활동적이어서 많은 운동이 필요해요.

핀셔 & 슈나우져 / 스위스 마운틴

이 그룹의 강아지들은 경비를 잘 하고 일을 도와주는 강아지들이에요. 예를 들어, 도베르만 핀셔나 미니어처 슈나우져, 그리고 버니즈 마운틴 독이 있어요. 이 강아지들은 충성심이 강하고 주인을 보호하는 데 뛰어나요.

개의 다양한 종류에 대해 알아보아요.

테리어

작은 동물들을 잡는 데 능한 강아지들이에요. 잭 러셀 테리어나 스코티쉬 테리어가 있어요. 활발하고 씩씩한 친구들이에요. 이 친구들은 에너지가 넘치고 용감해서 작은 모험을 즐겨요.

닥스훈트

닥스훈트는 짧은 다리와 긴 몸을 가진 강아지로, 주로 땅굴 속의 작은 동물들을 잡는 데 쓰였어요. 소시지처럼 생긴 귀여운 친구들이에요. 이들은 용감하고 독립심이 강해요.

개의 다양한 종류에 대해 알아보아요.

스피츠 & 프리미티브 타입

이 그룹의 강아지들은 꼬리가 말려 있고 털이 복슬복슬해요. 시베리안 허스키나 아키타 같은 강아지들이 있어요. 늑대와 비슷한 모습을 하고 있어요. 이 친구들은 추운 날씨에도 잘 견디고 매우 충성스러워요.

센트하운드

냄새를 잘 맡아서 사냥을 도와주는 강아지들이에요. 비글이나 바셋 하운드가 있어요. 주로 땅에 코를 대고 다니는 걸 좋아해요. 이 친구들은 뛰어난 후각 덕분에 종종 실종자 수색에도 쓰여요.

개의 다양한 종류에 대해 알아보아요.

포인팅 독

사냥할 때 어디에 사냥감이 있는지 알려주는 강아지들이에요. 저먼 쇼트헤어드 포인터나 브리타니 스패니얼 같은 강아지들이 있어요. 이들은 주인을 도와서 사냥감을 찾고 가리키는 행동을 해요.

리트리버

물건을 가져오는 것을 잘하는 강아지들이에요. 골든 리트리버나 래브라도 리트리버가 있어요. 주로 물에서 사냥감을 가져오는 일을 해요. 이 친구들은 매우 친절하고 사람을 좋아해요.

배우기 5

개의 다양한 종류에 대해 알아보아요.

작은 크기로 집 안에서 키우기 좋은 강아지들이에요. 치와와나 포메라니안 같은 강아지들이 있어요. 귀엽고 사랑스러운 친구들이에요. 이들은 주로 반려견으로서 가족과 시간을 보내는 것을 좋아해요.

반려견 및 토이 독

눈이 좋아서 빠르게 움직이는 사냥감을 쫓아가는 강아지들이에요. 그레이하운드나 위핏 같은 강아지들이 있어요. 아주 빠르게 달릴 수 있어요. 이 친구들은 스피드와 우아함으로 유명해요.

사이트 하운드

특별한 능력을 지닌 나만의 반려견을 만들어보아요.

이 곳에 반려견의 모습을 그려보아요.

이름:

능력:

소개하는 글:

정리하기

오늘 배운 내용을 바탕으로 강아지 종류 퀴즈를 풀어보아요.

문제 1

이 그룹의 강아지들은 양이나 소 같은 동물들을 모으는 일을 잘해요. 보더 콜리나 오스트레일리안 셰퍼드가 여기에 속해요. 이 그룹의 이름은 무엇일까요?

답:

문제 2

이 그룹의 강아지들은 꼬리가 말려있고 털이 복슬복슬해요. 시베리안 허스키와 아키타가 여기에 속해요. 이 그룹의 이름은 무엇일까요?

답:

문제 3

이 그룹의 강아지들은 작은 크기로 집 안에서 키우기 좋아요. 치와와나 포메라니안이 속한 이 그룹의 이름은 무엇일까요?

답:

겉모습은 강해 보여도, 마음은 항상 따뜻한 불독

불독은 얼굴이 조금 찌푸려진 것처럼 보여서 처음에는 무서워 보일 수 있어요. 하지만 사실은 불독은 아주 다정하고, 친구를 잘 챙기는 착한 강아지예요. 그래서 불독을 키우는 사람들은 불독을 '사랑둥이'라고 부르기도 해요.

불독은 특히 어린아이들과 잘 어울려요. 불독은 사람을 좋아하고, 함께 노는 것을 좋아하기 때문에 가족과 함께 있는 시간이 행복해요. 그리고 불독은 짧은 털을 가지고 있어서 털 관리가 쉽답니다. 하지만 여름에는 더위를 잘 타기 때문에 시원한 곳에서 쉬어야 해요.

마지막으로, 불독은 얼굴에 주름이 많아서 주름 사이를 깨끗하게 닦아줘야 해요. 이렇게 하면 불독이 건강하게 지낼 수 있어요.

불독에 대해 이렇게 알아보니까, 불독이 더 사랑스럽게 느껴지지 않나요?

PART 3

고양이는 왜
높은 곳에 올라갈까?

개와 고양이의 차이점

생각 열기

오른 쪽의 고양이와 강아지 사진을 보고 떠오르는 단어들을 적어보아요. 두 동물은 어떤 차이점이 있을까요?

1.

2.

3.

4.

5.

배우기 1

개와 고양이의 차이점에 대해 알아보아요.

 성격

강아지 : 강아지는 주인과 함께 있는 것을 좋아하고, 주인에게 충성심이 강해요. 사람을 잘 따르고 명령도 잘 들어요.

고양이 : 고양이는 독립적인 성격이 강하고, 혼자서도 잘 지내요. 필요할 때만 주인에게 다가가요.

 운동방식

강아지 : 강아지는 산책을 좋아하고, 뛰어다니며 놀기를 좋아해요. 외부 활동이 많아야 해요.

고양이 : 고양이는 집 안에서 조용히 걷거나 높은 곳에 올라가는 것을 좋아해요. 점프를 잘하고, 숨바꼭질 같은 놀이를 즐겨요.

개와 고양이의 차이점에 대해 알아보아요.

 배변습관

강아지 : 강아지는 보통 밖에서 배변해요. 그래서 산책을 하면서 배변을 하게 되죠. 집 안에서 배변을 훈련할 수도 있어요.

고양이 : 고양이는 자기만의 화장실인 집 안에 마련된 모래통에서 배변해요. 모래를 파서 배변을 묻는 습관이 있어요.

 영양소

강아지 : 강아지는 스스로 영양소를 만들 수 있어요.

고양이 : 고양이는 개와 달리 사료나 음식으로 꼭 보충해야 하는 영양소가 있어요. (타우린)

오늘 배운 내용을 바탕으로 강아지 또는 고양이의 입장이 되어서 자기소개서를 적어보아요.

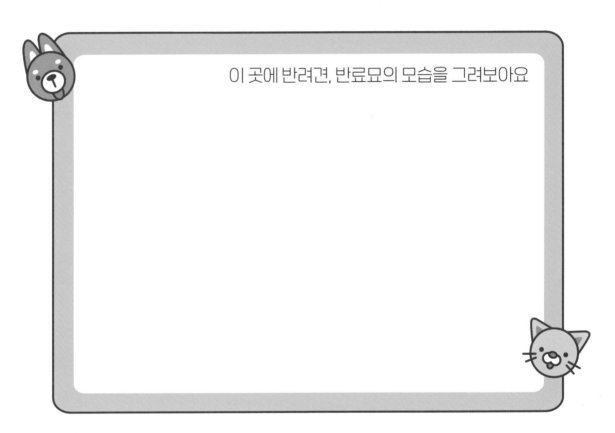

이 곳에 반려견, 반료묘의 모습을 그려보아요

안녕 ! 내 이름은 _____ 이야.

나는 강아지 / 고양이 야.

나는 _____를 좋아해.

나랑 같이 놀고 싶을 땐 _____ 방식으로

놀아주면 아주 행복할 것 같아.

우리 친하게 지내자!

오늘 배운 내용을 바탕으로 개와 고양이의 특징들을 구분해보아요.

나는 산책이 좋아! ●

나는 충성심이 강해! ●

나는 모래통에 배변을 해! ●

나는 타우린이 필요해!! ●

더 알아보기

작고 용감한 귀요미, 요크셔 테리어

요크셔 테리어는 작은 크기와 귀여운 외모로 사랑받는 강아지에요.

요크셔 테리어는 영국 요크셔 지역에서 처음 생겨난 강아지로, 몸무게가 2.5~3.5kg 정도로 매우 작고 가벼워요. 긴 털은 부드럽고 실크처럼 매끄러워서 예쁘게 빗어주면 정말 멋져요.

요크셔 테리어는 작지만 활발하고 용감해서 자기보다 큰 강아지에게도 겁을 내지 않아요. 주인에게 애정이 많고, 사람과 함께 있는 것을 아주 좋아한답니다. 똑똑해서 다양한 훈련도 잘 따라할 수 있어요.

PART 4

동물도
주민등록번호가
있을까?

동물 등록 규정에 대해

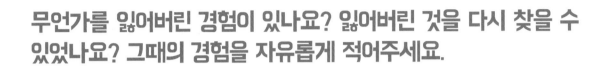

생각 열기

무언가를 잃어버린 경험이 있나요? 잃어버린 것을 다시 찾을 수 있었나요? 그때의 경험을 자유롭게 적어주세요.

배우기 1

'반려동물등록제'에 대해 알아보아요.

요즘은 많은 사람들이 강아지와 고양이를 키우고 있어요. 그런데 가끔 반려동물을 잃어버리거나, 경제적인 이유로 버리는 사람들이 있어요. 또, 반려동물을 잘 돌보지 않아서 다른 사람에게 피해를 주는 경우도 있어요. 그래서 정부와 여러 단체에서는 반려동물을 잘 돌보고 보호하기 위한 제도를 만들었어요.

그 중 하나가 바로 반려동물등록제예요. 2014년부터 전국적으로 시행되고 있는데, 강아지를 키우는 사람은 강아지가 두 달이 되면 시청이나 군청에 가서 등록을 해야 해요.

 반려동물을 등록하지 않으면 어떻게 될까요?

만약 등록을 하지 않으면 벌금을 내야 해요.
그래서 반려동물을 키우는 모든 사람은
꼭 반려동물등록제를 지켜야 해요.
이렇게 하면 우리 모두가
반려동물과 함께 더 행복하게 살 수 있어요.

'반려동물등록제' 를 통해 잃어버린 동물을 찾는 방법에 대해 알아보아요.

1. 반려동물 등록하기

반려동물을 등록하면 반려동물에게 특별한 번호가 생기고, 반려동물에게 작은 칩을 넣어줘요. 이 칩은 아주 작은 컴퓨터로 반려동물의 정보를 가지고 있어요.

2. 반려동물을 잃어버렸을 때

반려동물을 잃어버리면 당황하지 말고, 동물 보호 관리 시스템을 이용해봐요. 동물 보호 관리 시스템은 반려동물의 정보를 모아두는 큰 컴퓨터 시스템이에요.

반려동물을 잃어버렸을 때 이 시스템에 접속하면 반려동물의 정보를 찾을 수 있어요. 부모님께 도움을 받아 인터넷을 통해 동물 보호 관리 시스템에 접속해요. 여기에 등록된 반려동물의 정보를 확인하고, 주위 보호소에 반려동물이 있는지 알아볼 수 있어요.

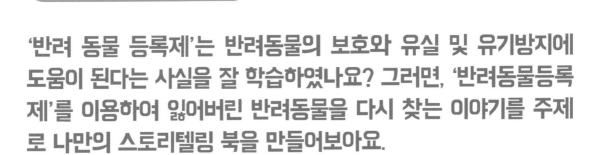

활동하기

'반려 동물 등록제'는 반려동물의 보호와 유실 및 유기방지에 도움이 된다는 사실을 잘 학습하였나요? 그러면, '반려동물등록제'를 이용하여 잃어버린 반려동물을 다시 찾는 이야기를 주제로 나만의 스토리텔링 북을 만들어보아요.

 스토리텔링 북이란?
재미있는 이야기를 통해 오늘 배운 지식과 정보를 익히는 것!

_____

_____

_____

_____

_____

정리하기

오늘 배운 내용을 퀴즈를 통해 정리해보아요.

반려동물이 _ _ _ _ _ _ _(몇 개월?)이 되면 시청이나 군청에 가서 등록해요.

반려동물에게 특별한 _ _ _ _ _ _ _ _ _이 생기고 작은 _ _ _ _ _ _ _을 넣어줘요.

반려동물을 잃어버렸을 때 해야 할 일을 적어보세요.

1 _

2 _

3 _

반려동물을 찾기 위해 무엇을 해야 하나요?
맞는 단어를 연결해보세요.

인터넷을 통해 _에 접속해요.

a) 동물 보호 관리 시스템

b) 보호소

c) 동물 병원

허리가 길어서 귀여운 친구, 닥스훈트

닥스훈트는 독일에서 처음 생겨난 강아지로, 몸이 길고 다리가 짧은 모습이 마치 소시지 같아서 "소시지 개"라고도 불려요.

체구가 작고 다리가 짧아서 작은 공간에서도 잘 지낼 수 있어요. 닥스훈트는 매우 똑똑하고 호기심이 많아요. 사냥견으로 길러진 역사 때문에 냄새를 잘 맡고, 작은 동물을 추적하는 능력이 뛰어나요. 또한, 용감하고 강한 성격을 가지고 있어서 자기보다 큰 동물에게도 겁을 내지 않아요.

이 강아지는 주인에게 충성심이 강하고, 가족과 함께 있는 것을 아주 좋아해요. 하지만 때로는 고집이 세서 훈련이 필요할 때도 있어요. 다양한 털 길이와 색깔을 가지고 있어서, 짧은 털, 긴 털, 그리고 와이어 헤어(철사 같은 털)세 가지 종류가 있답니다.

PART 5

천재 반려동물을 소개합니다!

반려동물의 능력

생각 열기

'반려동물'이 사람들에게 사랑받는 이유는 무엇일까요?
여러분이 생각하는 이유를 자유롭게 적어보아요.

배우기 1

반려동물의 역할과 능력에 대해 알아보아요.

 반려동물은 우리에게 많은 도움을 줘요.

강아지는 언제나 변함없는 애정을 표현해주고, 고양이는 조용히 우리에게 애정을 보여줘요.

반려동물과 함께하면 생명의 소중함을 배우고, 다른 사람을 배려하는 마음을 기를 수 있어요. 특히 어린 시절 반려동물과 함께하는 경험은 친구를 이해하고 도와주는 습관을 키워줘요.

할머니, 할아버지들도 반려동물과 함께하면 외로움을 덜고, 안정감을 느껴요. 병원에서는 반려동물이 아픈 사람들의 정서 안정을 도와주는 치료에 활용되기도 해요.

반려동물의 역할과 능력에 대해 알아보아요.

 반려동물이 병원에서 어떻게 사람들을
도와줄 수 있는지 자세히 알아보아요!

1. 동물 친구와 함께하는 치료

병원에 있는 환자들이 강아지나 고양이 같은 반려동물을 만나면 기분이 좋아져요. 이 친구들이 옆에 있으면 웃음이 나오고, 스트레스도 줄어들어요. 그래서 아픈 사람들이 빨리 나을 수 있도록 도와줘요.

2. 동물 친구와 함께하는 재활 치료

어떤 사람들은 사고나 병으로 인해 몸을 잘 못 움직일 때가 있어요. 이럴 때 반려동물이 함께 운동을 도와줘요. 예를 들어, 강아지와 함께 걷거나 공을 던져주면서 운동을 하면 재활 치료에 큰 도움이 돼요.

활동하기

오늘 배운 내용을 바탕으로 원하는 반려동물을 정해서 반려동물의 능력을 알리는 반려동물 신문을 만들어보아요.

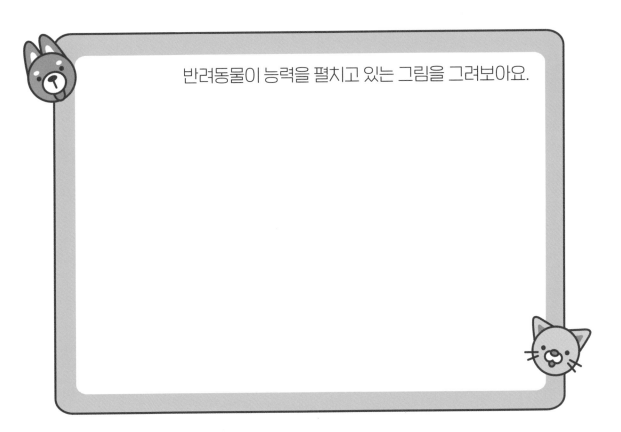

반려동물이 능력을 펼치고 있는 그림을 그려보아요.

이름 :

나이 :

오늘의 소식을 전달합니다. ＿＿＿＿＿＿＿＿에 살고 있는 반려동물인 ＿＿＿＿＿＿＿(이)가 화제인데요.

이 반려동물은 ＿＿＿＿＿＿＿와 ＿＿＿＿＿＿를 할 수 있는 능력이 있다는 사실이 알려져 사람들에게 관심을 받고 있습니다.

정리하기

오늘 배운 내용을 바탕으로 반려동물의 능력에 대한 퀴즈를 풀어보아요.

🐾 문제 1

반려동물이 병원에 있는 환자들을 도와줄 때, 어떤 점이 도움이 되나요?

    a) 환자들이 더 외로워진다
    b) 환자들이 기분이 좋아진다
    c) 환자들이 무서워한다

🐾 문제 2

어린 환자들이 병원에서 무서워할 때, 반려동물이 무엇을 도와줄 수 있을까요?

    a) 마음을 편안하게 해준다
    b) 더 무서워하게 만든다
    c) 병원에서 놀러 나가게 한다

🐾 문제 3

반려동물이 재활 치료를 도와줄 때, 어떤 활동을 할 수 있을까요?

    a) 환자와 함께 걷기
    b) 환자를 안아주기
    c) 환자를 병원 밖으로 데려가기

PART 6

반려동물도
언어가 있을까?

반려동물의 언어

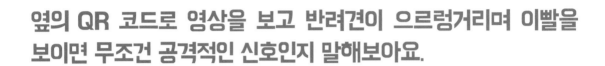

생각 열기

옆의 QR 코드로 영상을 보고 반려견이 으르렁거리며 이빨을
보이면 무조건 공격적인 신호인지 말해보아요.

옆의 QR 코드로 영상을 보고 새롭게 알게 된
사실이 있으면 적어주세요.

배우기 1

반려동물의 '카밍 시그널'에 대해 알아보아요.

*카밍 시그널이란?
반려동물이 스트레스나 불안감을 느낄 때, 자신을 진정시키거나 상대방에게 평화를 전달하기 위해 보내는 신호

▶ 개가 하품을 하면 긴장을 풀고, 편안해지려고 하는 거예요.

▶ 개가 코를 핥는 것은 불안하거나 긴장된 상태를 나타낼 수 있어요.

▶ 개가 고개를 돌리면 상황을 피하거나, 긴장을 완화하려는 거예요.

▶ 개가 천천히 움직이는 것은 상대방을 진정시키고, 긴장을 완화하려는 신호에요.

▶ 고양이가 천천히 눈을 깜빡이는 것은 편안함을 느끼고 있음을 의미해요.

▶ 고양이가 혀로 코를 핥는 것은 스트레스나 불안을 느끼고 있음을 나타내요.

▶ 고양이가 천천히 움직이는 것은 주위 환경을 탐색하고, 긴장을 완화하기 위한 행동이에요.

▶ 거북이가 서서히 목을 내밀고 주변을 살피는 것은 환경을 탐색하고, 긴장을 완화하려는 신호예요.

▶ 거북이가 햇볕을 쬐며 편안한 자세를 취하는 것은 몸을 따뜻하게 하고, 긴장을 풀려는 자연스러운 행동이에요.

활동하기

반려동물을 대할 때 약속을 3~5개 적어보아요.

예시: 밖에서 강아지를 만났을 때 강아지가 코를 핥으면 불안해하는 경우일수도 있으니 더 이상 다가가지 않아요.

1.

2.

3.

4.

5.

오늘 배운 내용을 바탕으로 각 반려동물이 긴장을 완화하기 위해 하는 행동을 하나씩 적어보아요.

더 알아보기

우리나라의 멋진 친구, 진돗개

진돗개는 우리나라를 대표하는 강아지로, 진도 섬에서 시작된 특별한 역사를 가지고 있어요. 오래전부터 진도 섬 주민들과 함께 생활하며 사냥을 도왔고, 집을 지키는 역할을 했어요. 진돗개는 1962년에 천연기념물로 지정되어, 우리나라의 소중한 자산으로 보호받고 있어요.

진돗개는 주인에게 매우 충성스럽고, 주인을 위해 어떤 일이든 할 수 있는 멋진 친구예요. 진돗개는 중형 크기로 균형 잡힌 몸매와 민첩성을 가지고 있어요. 운동을 좋아하고, 활발하게 움직이는 걸 좋아한답니다. 진돗개는 충성심과 지혜로움이 돋보이는 우리나라의 자랑스러운 친구예요.